簡單！美味！
最實用的
鑄鐵鍋日常料理

RECIPE

65

出版菊

只要有絕妙鑄鐵鍋，
即使是一個人的夜晚、白天、假日
都能享用簡單、熱騰騰幸福的美味

家人回家太晚的日子，就是我單人餐食的日子。

「那麼，一個的時光。要吃什麼好呢？」—真是讓人心中小小鼓動的心情。「最近吃太多了，所以要多攝取些蔬菜，想讓腸胃休息休息。」「想要手持紅酒好好享受喜歡的電影。」「想要不花時間和步驟就有頓熱騰騰的餐食。」「之後的清潔也越簡單越好。」

—能夠回應這些奢侈無理要求的，只有STAUB和Le Creuset的絕妙鑄鐵鍋。造型時尚，整鍋上桌也能有視覺上的滿足。只要有鑄鐵鍋，即使一人份的餐食也是豐盛幸福的時刻。

我已經無法放手的“好夥伴”。即使是對料理不太拿手的人，只要使用鑄鐵鍋，自然也可以提升烹調能力。

屬於自己的時光，希望大家也能有愉悅品嚐料理、享用美味的心情，豐富每天的身心，由衷地希望能透過這“絕妙鑄鐵鍋”讓大家確實感受美好生活。

藤井 惠

CONTENTS

本書的規則

・材料表當中的「砂糖」，使用的是二砂糖、鹽是自然鹽、豆漿是無成分調整的豆漿。
・大匙是15ml、小匙是5ml、1杯是200ml。
・鹽少許，是姆指和食指二根指頭抓取的量，$\frac{1}{8}$～$\frac{1}{10}$小匙(約0.5g)。
・高湯是鰹魚片和昆布混合的高湯，或是市售和風高湯粉，請依包裝標示使用。
・微波加熱的時間，以600W為參考標準。500W則是1.2倍、700W是0.8倍，以此標準加熱。

已經無法放手的"好夥伴"—鑄鐵鍋們

目前最愛的鑄鐵鍋是直徑14～18cm的圓型(round)，和長徑14～17cm的橢圓型(oval)。這個大小放入單人或兩人份食材、調味料時不會過大，重量也容易拿取，因此即使是女性也能輕易使用，我非常喜歡。

製作本書的食譜時，加熱時間為參考標準。

並不包含最初煮沸，冒出蒸氣為止

之前的時間。

3分 例 ＝3分

本書使用的鍋具是以下尺寸。

請參考各食譜中的記錄。

ROUND 18cm 16cm 14cm

OVAL 17cm 16cm 14cm

藤井惠風格　小份量鑄鐵鍋料理的6大信念

1

14-18cm，
恰到好處的尺寸

小分量的食譜意外地少。
即使是少量的食材和調味量，
因為鍋內是最小程度的水分
蒸發，所以並不會產生燒焦或
失敗。

2

用少量的食材
重新找回身體的
均衡

即使只是蒸一種蔬菜，都能夠
嚐出濃縮凝聚在其中的美味。
又同時能夠重振疲憊的身體。

3

簡單，最適合
忙碌的自己，
只要加熱就能完成

鑄鐵鍋有卓越的熱傳導、
保溫性以及氣密性。
僅需加熱，之後就能提引出
食材最大的美妙風味。

對於小分量或單人餐食的概念，我個人覺得是輕鬆、隨意、不勉強。也因此絕對不能接受只要能填飽肚子，什麼都可以的想法(笑)。這樣的時候，就要傾聽身體的小小聲音，找出現在心靈及身體渴求的是什麼。想要享用近似小酒館(Bistro)風格的餐食、想要重整身體狀態、想要攝取完整營養撫慰疲累身體…。請大家來認識可以實現所有小分量或單人餐食魅力的"絶妙鑄鐵鍋"。

4

完整的營養！
可以享用到
最後一口

最短的加熱時間就能完成，
因此能夠不破壞食材營養與
成分地完成烹調。

5

蒸、煮、燉—
吃不膩，
充滿變化的每一天

因為熱傳導效果佳，
無論是蒸、煮、炒、炊飯等，
都能夠製作出最正統的美味。

6

製作完成後可以
直接上桌，
剩餘時也能直接冷藏

當然餐桌上也是相映成趣的
時尚感，放置降溫後
也能直接保存。

SECTION 1

青蔬搭配組合的季節味

簡單地運用一種蔬菜！蒸煮

無論怎麼樣都沒有精神、疲倦於持續外食，就用蔬菜的力量來恢復體能吧！託了這個重且高密閉性鍋蓋的福，即使是最小程度的水分，都能在鍋中有效地循環，使食材均勻受熱，因此能完整地保留食材中的營養成分。品嚐得出濃縮凝聚的蔬菜甘甜風味，口腹大滿足！

鹽蒸青花椰

材料與製作方法(1人份)

青花椰 — 1小株

A | 鹽 — ⅓小匙
  | 水 — 2大匙

起司粉 — 適量

1　將青花椰分成小株，浸泡於大量清水中約5分鐘，以網篩取出瀝乾水分。

2　青花椰放入鍋中，澆淋上**A**。再次蓋上鍋蓋以略強的中火加熱，至蒸氣冒出後轉小火加熱30秒左右。熄火再燜蒸約1分鐘。撒上起司粉即可享用。

STEP 1

青花椰儘可能攤平般地排放在鍋內。

STEP 2

在全體表面撒鹽。

STEP 3

澆淋上水分。
因鍋具的高密閉性，
因此即使是少量的水
也能均勻地利用蒸氣受熱。

STEP 4

從鍋蓋的隙縫間冒出
蒸氣時，熄火，
利用餘溫使其受熱。

僅利用鹽的簡單調味，才更能嚐出花椰菜濃縮的美味與甘甜，
令人感動的好味道！

材料與製作方法(1人份)

毛豆含豆莢200g

A｜鹽 — ⅔小匙
　｜水 — 4大匙

1　以廚房剪刀略略剪去豆莢兩端。

2　將毛豆放入鍋中，澆淋上A。再次蓋上鍋蓋以略強的中火加熱，待蒸氣冒出後轉為小火約加熱5分鐘。熄火，再燜蒸2分鐘。

ROUND 14cm

鹽蒸毛豆

切去豆莢兩端，使毛豆能恰到好處地呈現鹹度就是訣竅。

橄欖油蒸蘆筍

享用不遜於橄欖油、強而有力的蘆筍風味

材料與製作方法(1人份)

綠蘆筍 — 4根

A｜鹽 — ¼小匙
　｜水 — 2大匙
　｜橄欖油 — ½小匙

1　削去蘆筍的硬皮，切成3～4等分的長度。

2　將蘆筍放入鍋中，澆淋上A。再次蓋上鍋蓋以略強的中火加熱，待蒸氣冒出後轉為小火約加熱30秒。熄火，再燜蒸1分鐘。

橄欖油蒸青蔥

能帶出青蔥的甘甜，再用芥末籽醬綜合整體風味。

材料與製作方法(1人份)

青蔥 — 1把

A
- 鹽 — ⅕小匙
- 芥末籽醬 — 1小匙
- 白酒醋 — ½大匙
- 橄欖油 — ½小匙
- 水 — 1大匙

1 青蔥切成5cm長。

2 將青蔥放入鍋中，依照**A**的順序放入調味料。再次蓋上鍋蓋以略強的中火加熱，待蒸氣冒出後轉為小火約加熱1分鐘。熄火，再燜蒸2分鐘。

醬油蒸青椒

可以享用到消除了青澀味道，水嫩的柔軟口感。

材料與製作方法(1人份)

青椒 — 4個

A
- 醬油 — 1小匙
- 味醂 — 1小匙
- 水 — 1小匙

1 青椒縱向對切去籽，再橫切成7～8mm的寬度。

2 將青椒放入鍋中，依照**A**的順序澆淋調味料。再次蓋上鍋蓋以略強的中火加熱，待蒸氣冒出後轉為中火約加熱1分鐘。熄火，再燜蒸1分鐘。

鹽蒸馬鈴薯

添加現擠檸檬，馬鈴薯立刻化身成纖細的成熟風味。

5分　OVAL 17cm

材料與製作方法(1人份)

馬鈴薯 — 1個

A | 鹽 — ¼小匙
  | 水 — 3大匙

檸檬 — ⅙個

1　馬鈴薯去皮切成一口大小，用水略為清洗後瀝乾水分。

2　將馬鈴薯放入鍋中，澆淋上A。再次蓋上鍋蓋以略強的中火加熱，待蒸氣冒出後，以中火繼續加熱5分鐘。熄火，再燜蒸2分鐘。擠上檸檬汁後享用。

材料與製作方法(1人份)

黃豆芽 — 1袋

A | 鹽 — ⅓小匙
  | 水 — 1大匙

芝麻油 — 1小匙

粗粒紅辣椒粉 — 少許

1　豆芽去鬚根，浸泡於水中使其回復清脆後瀝乾水分。

2　將豆芽放入鍋中，澆淋上A。蓋上鍋蓋以略強的中火加熱，待蒸氣冒出後，以小火繼續加熱約30秒。熄火，再燜蒸約30秒。澆淋上芝麻油，再撒上粗粒紅辣椒粉。

0.5分　ROUND 16cm

蒸麻油風味銀芽

鮮脆口感，關鍵來自於以餘溫熟透的作法。

咖哩蒸白花椰

蒸熟的脆度，與辛香的咖哩形成絕妙的搭配。

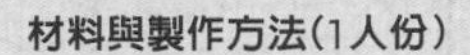

1分 ROUND 16cm

材料與製作方法(1人份)

白花椰 — 1小株

A | 咖哩粉 — 1小匙
  | 鹽 — ⅓小匙
  | 水 — 2大匙

1 白花椰切分成小株，縱向切成2～3等分。浸泡於水中使其回復清脆後瀝乾水分。

2 將白花椰放入鍋中，澆淋上A。蓋上鍋蓋以略強的中火加熱，待蒸氣冒出後，以中火加熱約1分鐘。熄火，再燜蒸約1分鐘。

蠔油蒸山藥

蠔油的濃郁和芝麻油的香氣，搭配山藥的滋味妙不可言。

3分 ROUND 14cm

材料與製作方法(1人份)

山藥 — 200g

A | 蠔油、酒 — 各2小匙
  | 芝麻油 — 1小匙
  | 醬油 — ½小匙
  | 水 — 2大匙

1 山藥帶皮切成1cm厚的圓片狀。

2 將山藥放入鍋中，澆淋上混合好的A。蓋上鍋蓋以略強的中火加熱，待蒸氣冒出後，轉以小火加熱約3分鐘。熄火，再燜蒸約2分鐘。

材料與製作方法(1人份)

南瓜 — 200g

A | 酒 — 1大匙
  | 鹽 — ¼小匙
  | 水 — 1大匙

1 南瓜切成易於享用的大小，用水略加清洗後瀝乾水分。

2 將南瓜放入鍋中，澆淋上**A**。蓋上鍋蓋以略強的中火加熱，待蒸氣冒出後，轉以中火加熱約3分鐘。熄火，再燜蒸約3分鐘。

鹽酒蒸南瓜

酒蒸烹調出的清淡自然香甜，是令人百吃不厭的美味。

伍斯特醬蒸胡蘿蔔

吸收了複雜辛香風味的胡蘿蔔，不愧是正統的口味。

ROUND 14cm

材料與製作方法(1人份)

胡蘿蔔 — 1根

A | 伍斯特醬、橄欖油 — 各1小匙
  | 水 — 2大匙

1 胡蘿蔔用削皮刨刀刨成薄片緞帶狀。

2 將胡蘿蔔放入鍋中，澆淋上**A**。蓋上鍋蓋以略強的中火加熱，待蒸氣冒出後，轉以中火加熱約30秒。熄火，再燜蒸約30秒。

＊伍斯特醬 Worcestershire sauce

燜炒小番茄

酸甜多汁的奧勒岡風味，最適合搭配白酒。

材料與製作方法(1人份)

迷你小番茄 — 20個

橄欖油 — 1小匙

A
- 乾燥奧勒岡 — ½小匙
- 鹽 — ⅕小匙
- 水 — 1大匙

1 小番茄去蒂。

2 以略強的中火加熱鍋子，倒入橄欖油後加進小番茄，迅速拌炒至全體沾裹上油脂。加入**A**，蓋上鍋蓋加熱約1分鐘。

SECTION
2

交由鑄鐵鍋製作出絕佳美味！

使用肉、魚貝、豆、乳製品，美味多汁的蒸烤

利用食材本身的水分進行蒸烤，就能製作出外表焦香、內部鬆軟多汁的效果！均勻的烤色，是因為鍋具較小使得熱度能迅速且均勻，效率極佳地完成食材的烹調。蒸煮後再呈色的根莖類蔬菜，簡單卻能濃縮所有的美味。

蒸煮高麗菜豬肉夾心

ROUND 18cm

材料與製作方法(1人份)

高麗菜 — ¼個
豬里肌薄片 — 100g
A | 薑汁、酒、醋 — 各½大匙
鹽 — ⅓小匙
水 — 1大匙
橄欖油 — 1小匙
粗粒黑胡椒 — 少許

1 高麗菜¼個連菜心一起再切成二等分的彎月形。在豬里肌上撒A。

2 將豬里肌一片片均等地夾入高麗菜葉片間。高麗菜斷面朝下地放入鍋中，均勻撒入鹽、水。蓋上鍋蓋以略強的中火加熱，待蒸氣冒出後轉為中火約蒸煮3分鐘，取下鍋蓋由鍋緣澆淋上橄欖油，續煮至呈現恰到好處的烹煮色澤為止，約2～3分鐘。盛盤，撒上粗粒黑胡椒。

STEP 1

在高麗菜葉片間均等地夾放豬里肌肉片。肉片不要大於葉片，即可漂亮地完成。

STEP 2

圈狀均勻倒入水分。

STEP 3

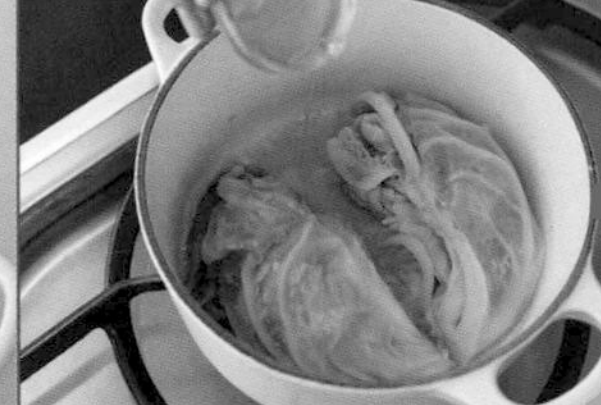

由邊緣圈狀均勻倒入橄欖油，煮至呈色。即使鍋底有少許水分殘留，也幾乎不會飛濺起來，所以沒有關係。

藉由蒸煮，使得豬肉的美味能滲入高麗菜中。
完成時的烹煮色澤更能增添香氣。

62分

OVAL 17cm

培根與厚切蘿蔔

培根的濃郁風味與白蘿蔔的甘甜是最佳組合！

材料與製作方法(1人份)

白蘿蔔 — 8cm
厚切培根(1cm厚) — 1片
A
- 鹽 — ⅓小匙
- 粗粒黑胡椒 — 少許
- 水 — 1杯

沙拉油 — ½小匙

1. 白蘿蔔帶皮切成4cm厚的圓片狀。長型厚培根切半。
2. 將白蘿蔔、培根放入鍋中，加入**A**蓋上鍋蓋。
3. 以略強的中火加熱**2**，待蒸氣冒出後轉為小火約加熱1小時至湯汁收乾為止。取下鍋蓋，圈狀均勻倒入沙拉油，再加熱約1～2分鐘至呈現烹調色澤為止。

OVAL 17cm

15分

火腿與厚切洋蔥

火腿的鹹度更烘托出洋蔥的清甜。

材料與製作方法(1人份)

洋蔥 — 1個
火腿 — 2片
A
- 鹽 — ⅓小匙
- 黑胡椒 — 少許
- 水 — 3大匙

橄欖油 — 1小匙

1. 洋蔥橫向對切。火腿切成絲狀。
2. 將**A**加進鍋中，洋蔥切口朝下地放入，蓋上鍋蓋。
3. 以略強的中火加熱**2**，待蒸氣冒出後轉為小火約加熱15分鐘至湯汁收乾為止。取下鍋蓋圈狀均勻倒入橄欖油，再加熱至出現烹調色澤為止。上下翻轉洋蔥後，擺放火腿，蓋上鍋蓋，熄火燜蒸1分鐘左右。盛盤，適量地澆淋上橄欖油(用量外)。

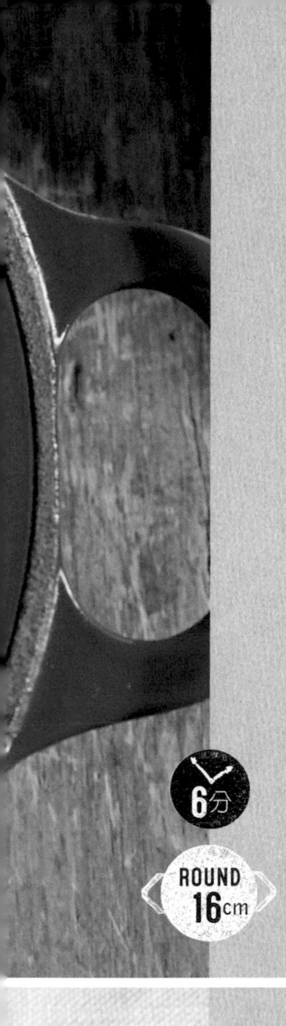

6分

ROUND 16cm

梅香蒸煮小松菜油豆腐

爽口的梅香風味讓人無法停箸。也適合需要補充鈣質的人。

材料與製作方法(1人份)

小松菜 — 100g
油豆腐 — 1片
A | 醃梅乾 — 1個
　| 鰹魚片、酒 — 各1大匙
　| 味醂 — ½大匙
　| 醬油 — 1小匙
　| 水 — 2大匙
芝麻油 — 1小匙

1 小松菜切成3cm的長度。油豆腐切成4等分。將**A**的醃梅乾去籽切碎。

2 在鍋中倒入芝麻油，以中火加熱，放進油豆腐煎至金黃。上下翻面後將其聚攏於鍋邊，將小松菜放進至空出的位置，再加入混拌好的**A**。蓋上鍋蓋蒸煮2～3分鐘。

ROUND 14cm

小茴香格外明顯的香氣，蒸煮時才會產生。

小茴香蒸紅甜椒與鷹嘴豆

4分

材料與製作方法(1人份)

紅甜椒 — 1個
橄欖油 — ½大匙
蒜泥 — ½瓣
鷹嘴豆(水煮) — 120g
A | 小茴香粉(cumin) — ½小匙
　| 鹽 — ⅓小匙
　| 醬油 — 少許
　| 白酒 — 1大匙

1 紅椒去籽切成2cm的塊狀。

2 在鍋中放入橄欖油和蒜泥，以小火加熱至散發香氣後，加入**A**迅速拌炒。加入紅椒、鷹嘴豆，蓋上鍋蓋蒸煮1～2分鐘。

6 5/8"
17

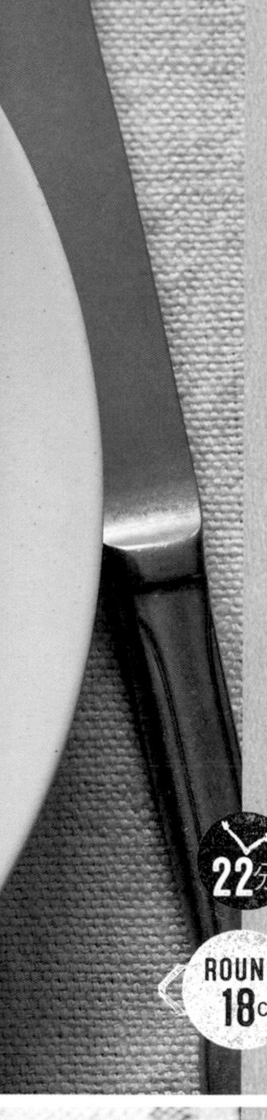

ROUND 18cm

22分

巴薩米可牛蒡佐莫札瑞拉起司

沾裹了醋的濃郁、與醇厚起司風味的牛蒡，形成了絕妙的和諧。

材料與製作方法(1人份)

牛蒡 — 1根
大蒜 — 1瓣
A 橄欖油 — ½大匙
水 — ½杯
B 巴薩米可醋(Balsamic) — 1大匙
蜂蜜 — 1小匙
鹽 — ⅓小匙
莫札瑞拉起司(Mozzarella) — 50g

1. 牛蒡切成4～5段的長度。大蒜以刀腹壓碎。
2. 將牛蒡、大蒜放入鍋中，加入**A**蓋上鍋蓋。
3. 用略強的中火加熱**2**，待蒸氣冒出後持續加熱約20分鐘至湯汁收乾為止。取下鍋蓋加入**B**，煮沸後即會沾裹在牛蒡表面。莫札瑞拉起司撕碎後擺放在牛蒡表面，再次覆上鍋蓋，熄火燜蒸至起司融化呈濃稠狀。

煮熟脆口的櫛瓜和起司的濃郁，口感百分百。

OVAL 17cm

起司蒸櫛瓜洋蔥

材料與製作方法(1人份)

櫛瓜 — 1根
洋蔥1cm厚的圓片 — 1片
A 鹽 — ⅓小匙
胡椒 — 少許
橄欖油 — ½大匙
起司粉 — 1大匙

1. 櫛瓜縱向對切，長度也對半切。洋蔥對半切開，為避免鬆開地用牙籤固定。將**A**撒在櫛瓜、洋蔥上。
2. 橄欖油倒入鍋中以略強的中火加熱，放入櫛瓜、洋蔥2～3分鐘，煎至兩面呈現烹調色澤。撒上起司粉，蓋上鍋蓋熄火，燜蒸至起司融化為止。

韓式辣醬蒸甘薯雞肉

ROUND 15cm

材料與製作方法(1人份)

甘薯 — 1小個
洋蔥 — ½個
青紫蘇葉 — 5片
雞腿肉 — ½隻

A
蒜泥 — ½瓣
酒、醬油 — 各2小匙
韓式辣醬 — ½大匙
芝麻油 — 1小匙
砂糖 — ½小匙

水 — 2大匙

1. 甘薯洗淨，切成一口大小的滾刀塊，用水迅速沖洗，瀝乾水分。洋蔥切成寬1cm的彎月狀。青紫蘇葉撕碎。雞腿肉切成一口大小，將**A**揉入醃漬。
2. 在鍋中依序倒入水分，疊放甘薯、洋蔥、雞肉，蓋上鍋蓋。
3. 用略強的中火加熱**2**，待蒸氣冒出後持續加熱約5分鐘。取下鍋蓋蒸發掉湯汁，繼續加熱至散發出香氣為止。混拌全體再撒放青紫蘇。

POINT

雞肉要先醃漬調味。在蔬菜上擺放雞肉時，在蒸煮過程中雞肉的美味和調味料就會滲入蔬菜中，增加美味的深度。

調味過的雞肉擺放在蔬菜上蒸煮。
其中含有大量能調整腸胃的食物纖維和寡糖(oligo)!

ROUND 18cm

4分

厚煎茄子、番茄與鮪魚

僅需蒸煮簡單的食材，就能製作出頂極的義式風味。

材料與製作方法(1人份)

茄子 — 2根(小)
鹽、胡椒 — 各少許
番茄 — ½個
鮪魚罐(油漬) — 1小罐(80g)
橄欖油 — 1大匙
披薩用起司 — 20g

1 茄子縱向對切，劃入寬5mm的格子狀切紋。撒上鹽、胡椒放置約10分鐘，拭乾水分。番茄切成1cm塊狀。鮪魚瀝乾水分粗略攪散。

2 將橄欖油放入鍋中，以中火加熱，茄子切口朝下地烘煎至呈烹調色澤。上下翻面後，擺放番茄、鮪魚、披薩用起司，蓋上鍋蓋加熱3～4分鐘。

帶著豐富營養成分的外皮，烘煎出鬆軟可口的蓮藕。

甜辣小魚厚切蓮藕

材料與製作方法(1人份)

蓮藕 — 1小節
魩仔魚乾 — 10g
水 — ⅓杯
芝麻油 — 1小匙
A 醬油、酒 — 各2小匙
砂糖、味醂 — 各1小匙

1 蓮藕帶皮切成厚2cm的圓片。

2 在鍋中放入蓮藕、魩仔魚乾，再圈狀均勻地澆淋水分。蓋上鍋蓋以略強的中火加熱，待蒸氣冒出後持續加熱約10分鐘至湯汁收乾為止。

3 取下鍋蓋，圈狀澆淋上芝麻油，將蓮藕燒至呈烹調色澤，加入**A**，加熱至呈現照燒醬的光澤，且醬汁沾裹在食材表面的濃稠度即可。

STAUB

材料與製作方法(1人份)

蕪菁小的 — 3個
蕪菁莖 — 5根
A | 昆布 — 3cm塊狀
 | 鹽 — ⅓小匙
水 — ¾杯
橄欖油 — 1小匙
乾燥魩仔魚 — 2大匙

1 蕪菁帶皮切除上下端。蕪菁莖切成5cm的長度。

2 將蕪菁、蕪菁莖、**A**放入鍋中。圈狀澆淋上水分蓋上鍋蓋。以略強的中火加熱，待蒸氣冒出後持續以中火加熱約30分鐘至湯汁收乾為止。

3 取下**2**的鍋蓋，澆淋入橄欖油，加熱至蕪菁呈金黃色。熄火，擺放上乾燥魩仔魚。

32分

ROUND 14cm

魩仔魚與厚切蕪菁

昆布加入一起蒸煮，更能升級蕪菁的美味多汁。

如果是熱傳導優質的鑄鐵鍋，短時間的加熱就能Q彈美味地完成鮮蝦了。

蒜蒸蘑菇鮮蝦

材料與製作方法(1人份)

帶殼鮮蝦 — 10尾(120g)
巴西利 — 適量
橄欖油 — 1大匙
洋菇 — 10個
A | 大蒜末 — 1瓣
 | 紅辣椒圈 — 1根
鹽 — ⅓小匙

1 鮮蝦僅留下尾部的殼，蝦背中央劃切以除去腸泥。巴西利切碎。

2 將橄欖油放入鍋中，以中火加熱，放入鮮蝦、洋菇拌炒至呈炒色。待出現炒色後加入**A**，炒至散發香氣時，撒入鹽並蓋上鍋蓋，以稍弱的中火加熱約30秒。熄火，撒上巴西利碎。

SECTION 3

美味匯集

只要一起熬煮！多層次的湯品

只要在鍋中重疊放入食材加熱，就能醞釀出各種濃縮美味的絕妙湯品。沾裹了調味料的肉類或魚貝類，與這些美妙風味相互影響產生的風味，就是好吃的關鍵。早晨，將各種美味的材料交疊放好進冰箱，傍晚回家後只要加熱即可輕鬆用餐了。

材料與製作方法(1人份)

白菜 — 400g
長蔥 — ½根
雞絞肉 — 100g
A | 薑末 — 1塊的用量
  | 酒 — 2大匙
  | 鹽 — ⅓小匙
水 — 1杯
鹽、胡椒 — 各少許

1 白菜斜向片切成一口大小。長蔥斜向切成薄片。

2 雞絞肉與A混合。

3 將⅓用量的白菜、散放一半用量2的調味雞絞肉、一半用量的長蔥依序疊放至鍋內，重覆地再疊放一次。最上方再擺放上剩餘的白菜，圈狀均勻倒入水分，蓋上鍋蓋。

4 用略強的中火加熱3，待蒸氣冒出後持續加熱約18～20分鐘，再以鹽、胡椒調味。

20分

ROUND 18cm

白菜、雞絞肉、長蔥的湯品

入口即化的白菜和入味甘甜的長蔥，呈現雅致地風味。
卡路里低，即使用餐時間較晚也可以安心享用。

高麗菜、洋蔥、豬肉番茄湯

ROUND 18cm

20分

材料與製作方法(1人份)

高麗菜 — 300g
洋蔥 — ¼個
番茄 — 1個
豬五花薄片 — 100g
A 蒜泥 — ½瓣
酒 — 2大匙
鹽 — ⅓小匙
胡椒 — 少許
水 — 1½杯
鹽、胡椒 — 各少許

1 高麗菜切成2cm的方形。洋蔥、番茄切成1cm的塊狀。豬肉片切成3cm長，加入**A**揉和醃漬。

2 在鍋中放入半量的高麗菜、全量的洋蔥、豬肉片、番茄，依序疊放。最上方再擺放上剩餘的高麗菜，圈狀均勻倒入水分，蓋上鍋蓋。

3 用略強的中火加熱**2**，待蒸氣冒出後持續加熱約20分鐘，再以鹽、胡椒調味。

最上方擺放的高麗菜是取代落蓋的功用，
防止水分的蒸發，使湯汁能夠均勻地保留在鍋中。

蕪菁、油豆腐的芝麻豆乳湯

材料與製作方法(1人份)

蕪菁 — 2個
油豆腐 — 1片
柴魚片 — 1包(3g)
青蔥 — 3根
A | 豆漿 — ¾杯
  | 水 — ½杯
醬油 — ½小匙
鹽 — ⅓小匙
研磨白芝麻 — 3大匙

1 蕪菁切成薄的圓片狀。油豆腐以熱水汆燙，用濾網撈起瀝乾水分。降溫後縱向對切，切成1cm寬。青蔥切成蔥花。

2 依序將蕪菁、油豆腐、柴魚片疊放在鍋中。圈狀澆淋**A**，蓋上鍋蓋。

3 用略強的中火加熱**2**，待蒸氣冒出後撈除浮渣，再次蓋上鍋蓋，以中火煮5～6分鐘。添加醬油、鹽，最後撒放研磨的白芝麻，再撒上蔥花。

層疊入柴魚片熬煮，可以品嚐到高湯的風味。
豆漿與芝麻的抗老效果也是令人欣喜的一道湯品。

ROUND 18cm

16分

芋頭、鮭魚、胡蘿蔔、高麗菜的鹽味奶油湯

奶油的濃醇讓風味更深層、更柔和。

材料與製作方法(1人份)

芋頭 — 2個
甜味鹽漬鮭魚 — 1片
胡蘿蔔 — ⅓根
高麗菜 — 150g
柴魚片 — 1包(3g)
A 酒 — 1大匙
水 — 1½杯
鹽 — ½小匙
奶油 — 10g
七味唐辛子 — 適量

1. 芋頭、胡蘿蔔切成1cm的圓片。鮭魚去皮切成一口大小。高麗菜切成一口大小。
2. 依序將芋頭、鮭魚、胡蘿蔔、柴魚片、高麗菜疊放在鍋中。圈狀均勻倒入**A**、撒放鹽，再蓋上鍋蓋。
3. 用略強的中火加熱**2**，待蒸氣冒出後除去浮渣，再次覆蓋鍋蓋，轉以小火約煮15分鐘。混拌加入鹽、奶油，拌勻。盛盤，撒上七味唐辛子。

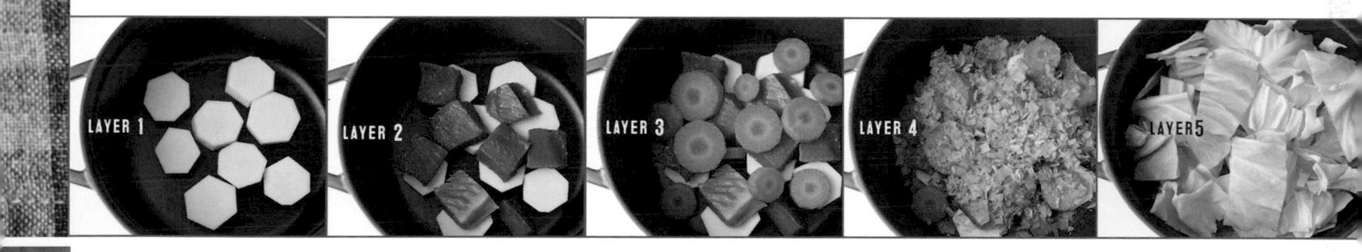

ROUND 18cm

21分

白蘿蔔、胡蘿蔔、豬肉的白味噌湯

利用白味噌完成風味優雅的豬肉湯品，暖心又暖胃。

材料與製作方法(1人份)

白蘿蔔 — 8cm
胡蘿蔔 — ⅓根
青蔥 — 1根
豬五花薄片 — 100g
柴魚片 — 1包(3g)
A 酒 — 2大匙
水 — 1½杯
白味噌 — 3大匙

1. 白蘿蔔、胡蘿蔔切成4cm長的條狀。青蔥切成蔥花。豬肉切成寬2cm的段。
2. 依序將白蘿蔔、胡蘿蔔、柴魚片、豬肉片疊放在鍋中，圈狀均勻倒入**A**，再擺放味噌。
3. 用略強的中火加熱**2**，待蒸氣冒出後撈除浮渣，蓋上鍋蓋以小火加熱約20分鐘。混拌使味噌溶化。盛盤再撒放青蔥。

材料與製作方法(1人份)

牛蒡 — ½根
長蔥的蔥白部分 — ½根
長蔥的蔥綠部分 — ½根
切下的碎牛肉片 — 100g
A 薑末 — 1塊的用量
醬油、酒、味醂 — 各1大匙
鹽 — 少許
柴魚片 — 1包(3g)
水 — 2杯

1 牛蒡、長蔥的蔥白部分，切成厚1cm的斜切片。長蔥的蔥綠部分切成蔥花。牛肉切成一口大小，用**A**揉和醃漬。

2 在鍋中依序疊放牛蒡、牛肉、長蔥的蔥白部分、柴魚片。圈狀均勻倒入水分，蓋上鍋蓋。

3 用略強的中火加熱**2**，待蒸氣冒出後除去浮渣，蓋上鍋蓋持續以小火加熱約20分鐘。盛盤，撒上蔥綠切成的蔥花。

20分

ROUND 18cm

牛蒡、牛肉、長蔥的和風湯品

可以攝取大量食物纖維、分量十足。
隱約甘甜的醬油風味，全身都暖起來了。

洋蔥、胡蘿蔔、牛肉、馬鈴薯咖哩湯

ROUND 18cm

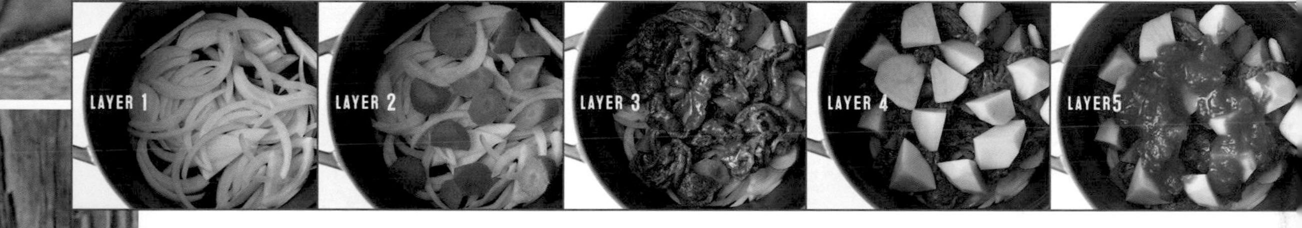

材料與製作方法(1人份)

洋蔥 — ½個
胡蘿蔔 — ½根
馬鈴薯 — ½個
切下的碎牛肉片 — 100g
A 蒜泥 — 1瓣
白酒 — 2大匙
咖哩粉 — 2小匙
鹽 — ½小匙
番茄罐頭 — ¼罐(100g)
水 — 1杯

1 洋蔥切成薄片。胡蘿蔔、馬鈴薯切成一口大小的滾刀塊。馬鈴薯迅速用水沖洗瀝乾。牛肉切成一口大小，用**A**揉和醃漬。

2 在鍋中依序疊放洋蔥、胡蘿蔔、牛肉、馬鈴薯、番茄。圈狀均勻倒入水分，蓋上鍋蓋。

3 用略強的中火加熱**2**，待蒸氣冒出後除去浮渣，蓋上鍋蓋以小火持續加熱約20分鐘。

層疊搭配的湯品不會煮爛馬鈴薯。
製作出以咖哩提味，口感清澄的好湯。

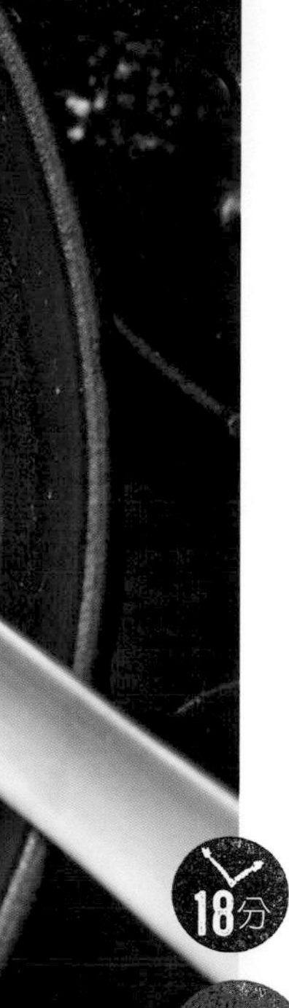

ROUND 18cm

雞胸肉、馬鈴薯、青花椰牛奶湯

材料與製作方法(1人份)

雞胸肉 — 100g
A | 鹽、胡椒 — 各少許
洋蔥 — ½個
馬鈴薯 — 1個
青花椰 — ½株
B | 牛奶 — 1杯
　| 水 — ½杯
C | 奶油 — 10g
　| 麵粉 — 1大匙
鹽 — ½小匙
粗粒白胡椒粉 — 少許

1 雞肉切成一口大小，撒上**A**。洋蔥、馬鈴薯切成一口大小。馬鈴薯迅速用水沖洗瀝乾。青花椰分切成小株。

2 在鍋中依序疊放洋蔥、雞肉、馬鈴薯、青花椰。圈狀均勻倒入**B**，放上均勻混合的**C**，蓋上鍋蓋。

3 用略強的中火加熱**2**，待蒸氣冒出後除去浮渣，加蓋以小火煮15分鐘。掀蓋攪拌均勻，再次蓋上鍋蓋以小火持續加熱約2～3分鐘。盛盤，撒上鹽和粗粒白胡椒。

在材料上放好麵粉和奶油的混合糊，
只要蓋上鍋蓋加熱，就能不失敗地製作出奶油濃湯。

洋蔥、甜椒、維也納香腸的番茄湯

添加了大量甜椒和番茄，不愧是維他命泉源。

材料與製作方法(1人份)

洋蔥、黃椒 — 各1個
維也納香腸 — 4根
番茄 — 2個
A | 白酒 — 2大匙
  | 鹽 — ½小匙
  | 水 — 1½杯

1　洋蔥、黃椒切成薄片。維也納香腸切成細條。番茄切成1cm的塊狀。

2　在鍋中依序疊放洋蔥、黃椒、維也納香腸、番茄。圈狀均勻倒入A，蓋上鍋蓋。

3　用略強的中火加熱2，待蒸氣冒出後除去浮渣，再次蓋上鍋蓋以小火持續加熱約20分鐘。

ROUND
18cm

南瓜、洋蔥、番茄的薑味濃湯

利用薑味突顯出南瓜的甘甜是製作的重點。

材料與製作方法(1人份)

南瓜 — 200g
洋蔥 — ½個
番茄 — 1個
薑末 — 2塊的用量
A | 酒 — 2大匙
  | 鹽 — ½小匙
  | 水 — 1½杯
奶油 — 10g

1　南瓜切成1cm厚的片狀。洋蔥橫切成寬5mm的薄片。番茄切成大塊狀。

2　在鍋中依序疊放南瓜、薑末、洋蔥、番茄。圈狀均勻倒入A、擺放奶油，蓋上鍋蓋。

3　用略強的中火加熱2，待蒸氣冒出後除去浮渣，再次蓋上鍋蓋以小火持續加熱約20分鐘。熄火，用叉子等將南瓜等食材粗略地壓碎即可。

20分

ROUND 18cm

洋蔥、絞肉、番茄的豆子湯

材料與製作方法(1人份)

洋蔥 — 1個
綜合絞肉 — 100g
A 蒜泥 — 1瓣
番茄醬 — 2大匙
白酒 — 1大匙
塔巴斯科辣椒水(Tabasco)、鹽 — 各½小匙
番茄 — 1個
紅腰豆(red kidney)(水煮) — 120g
水 — 1½杯

1 洋蔥切碎。綜合絞肉與**A**混拌。番茄切成1cm方塊。

2 鍋中依序疊放洋蔥、絞肉、番茄、紅腰豆。圈狀均勻倒入水分，蓋上鍋蓋。

3 用略強的中火加熱**2**，待蒸氣冒出後除去浮渣，再次蓋上鍋蓋以小火持續加熱約20分鐘。

利用塔巴斯科辣椒水辣味的一道墨西哥式湯品。
豆子也可以使用綜合豆類。

材料與製作方法(1人份)

茄子 — 1根
鴻禧菇 — 1包(100g)
迷你小番茄 — 8個
帶殼鮮蝦 — 8隻(100g)
A | 魚露 — 2小匙
白酒 — 1小匙
胡椒 — 少許
香菜 — 適量
椰奶 — 1½杯
紅辣椒 — 2根

1　茄子切成1.5cm厚的圓片。鴻禧菇分成小株。鮮蝦僅留下尾殼，蝦背劃開取出腸泥，與**A**揉和醃漬。香菜撕成小段。

2　鍋中依序疊放茄子、鴻禧菇、迷你小番茄、鮮蝦。圈狀均勻倒入椰奶，擺放辣椒後，蓋上鍋蓋。

3　用略強的中火加熱**2**，待蒸氣冒出後轉以中火持續加熱約5分鐘。熄火，擺放香菜。

5分

ROUND 18cm

茄子、鴻禧菇、小番茄、鮮蝦的椰奶湯

椰奶與魚露營造出豐富的味道。
因為容易分離，所以嚴禁過度加熱。

SECTION 4

熱騰騰！我的最愛
料多味美的義大利麵・麵類

義大利麵雖然是小分量或單人餐食中最受歡迎的，但令人困擾的是，總在享用過程中溫度立降。但若改以保溫性高的"超級鑄鐵鍋"來烹調，完成時可以連同鍋子一起上桌。即使不盛盤也非常具時尚美感，享用到最後都能是熱呼呼的狀態。還能少洗一點碗盤，真是太美妙了。

辣味培根番茄斜管麵

(L'amatriciana)

ROUND 16cm

材料與製作方法(1人份)

斜管麵 — 80g
厚片培根(1cm的厚度) — 50g
洋蔥 — ¼個
番茄罐頭 — ½罐(200g)
橄欖油 — 1大匙
切碎大蒜 — 1瓣
鹽、胡椒 — 各少許
煮麵湯汁 — ¼杯

1. 在直徑20cm左右的耐熱缽盆中加入熱水1L、鹽2小匙(用量外)，加入斜管麵，不覆蓋保鮮膜地直接微波，加熱時間較袋上標示的再少1分鐘左右。取出後瀝乾水分。取出¼杯的煮麵湯汁備用。
2. 培根切成1cm的長條狀。洋蔥切碎。番茄罐頭的番茄壓碎。
3. 在鍋中放入橄欖油、培根，以略小的中火加熱，拌炒約3分鐘至培根呈酥脆為止。加入洋蔥、大蒜拌炒至洋蔥變軟，加入番茄續煮3～4分鐘，以鹽、胡椒調味。
4. 將煮麵湯汁、斜管麵加入**3**之中，邊混拌邊續煮1～2分鐘使醬汁沾裹在麵上。

POINT

因鑄鐵鍋水分蒸發較少，因此即使是少份量或1人份也可以確實充分地加熱，以釋放出食材的美味。邊緣因為容易燒焦，因此要由底部翻起，充分混拌。

確實受熱的鑄鐵鍋，才能製作出酸味柔和、濃郁且圓融的番茄醬汁，
是令人一吃上癮的好味道。

拿坡里風味鍋燒義大利麵

材料與製作方法(1人份)

義大利麵 — 80g
厚片培根(1cm的厚度) — 50g
洋蔥 — ¼個
大蒜 — 1瓣
A 雞蛋 — 2個
起司粉 — 3大匙
牛奶 — 2大匙
鹽 — 少許
橄欖油、白酒 — 各1大匙
粗粒黑胡椒、起司粉 — 各適量

1 在直徑20cm左右的耐熱缽盆中加入熱水1L、鹽2小匙(用量外)，加入對折的義大利麵，不覆蓋保鮮膜地直接微波，加熱時間較袋上標示的再少1分鐘左右。取出後瀝乾水分。

2 培根切成1cm的長條狀。洋蔥、大蒜切碎。在另外的缽盆中放入**A**，粗略混拌。

3 在鍋中放入橄欖油、培根，以略小的中火加熱，拌炒約3分鐘至培根呈酥脆為止。加入洋蔥、大蒜拌炒至洋蔥變軟，加入白酒煮至沸騰以揮發酒精。

4 在**3**中加入義大利麵迅速混拌，將**2**的**A**以圈狀均勻倒入，蓋上鍋蓋，以小火加熱約1分鐘。熄火，粗略地混拌全體，撒上粗粒黑胡椒、起司粉。

STEP 1
培根避免燒焦地確實拌炒。

STEP 2
加入白酒，煮至酒精揮發就是製作重點。

STEP 3
由此開始，速度就是美味與否的關鍵了。將培根和洋蔥的美味混拌沾裹在加熱的義大利麵上。

STEP 4
圈狀均勻倒入蛋液，使全體均勻地沾裹。

STEP5
利用餘溫避免過度加熱蛋液，迅速完成均勻混拌。

義大利麵沾裹上鬆軟的蛋液，口感溫和圓融。
享用完畢前都能保持熱騰騰的狀態，更是魅力所在。

ROUND 16cm

鍋燒咖哩烏龍麵

RECIPE > P.66

中華丼風格鍋燒拉麵

RECIPE ＞ P.67

有著烏龍麵屋般湯頭的清爽咖哩風味烏龍麵。
鍋燒時，建議可以使用具強勁嚼感的冷凍烏龍麵。

PHOTO > P.64

鍋燒咖哩烏龍麵

材料與製作方法(1人份)

切下的碎牛肉 — 100g
鴻禧菇 — ½包(50g)
長蔥 — ⅓根
帶莢豌豆 — 5片
沙拉油 — 1小匙
咖哩粉 — ½大匙
A 高湯 — 1½杯
味醂、醬油 — 各1½大匙
B 太白粉 — 1大匙
水 — 2大匙
冷凍烏龍麵 — 1球

1 牛肉切成一口大小。鴻禧菇分切成小株。長蔥的蔥綠部分切成蔥花，其餘切成斜片。帶莢豌豆去老筋。

2 在鍋中放入沙拉油以略小的中火加熱，加入咖哩粉，以小火拌炒約1分鐘。加入**A**，煮滾後加入牛肉、鴻禧菇、長蔥的蔥白部分和蔥綠部分，煮約5分鐘。

3 將混拌完成的**B**加入**2**中增加濃稠度，放進冷凍烏龍麵煮2～3分鐘，加入帶莢豌豆略煮即完成。

食材拌炒後仍保有爽脆口感，也是鑄鐵鍋的特徵。
富含大量蔬菜的健康拉麵。

PHOTO > P.65

中華丼風格鍋燒拉麵

材料與製作方法(1人份)

鹽味拉麵(市售品) — 1人份
豬五花薄片 — 50g
青江菜 — 1株
胡蘿蔔 — ⅓根
洋蔥 — ¼個
香菇 — 2朵
燒烤竹輪 — 1條
沙拉油 — 1小匙
鹽味拉麵附湯 — 1人份
水 — 適量
A | 太白粉 — 1大匙
　| 水 — 2大匙
芝麻油 — 少許

1 在直徑20cm左右的耐熱缽盆中加入熱水1L(用量外)，加入拉麵，不覆蓋保鮮膜地直接微波，加熱時間相較於袋上標示再短半分鐘左右。取出後用流動的水沖洗，再瀝乾水分。

2 豬肉切成一口享用的大小。青江菜分成葉片和莖，葉片切成4cm的長度。莖和胡蘿蔔一起切成4cm長的棒狀。洋蔥切成5mm厚的彎月狀。香菇除去沾附的培木屑後切成薄片。竹輪縱向對切，再切成易於享用的長度。

3 在鍋中放入沙拉油，以略小的中火加熱，依序放入胡蘿蔔、洋蔥、香菇、豬肉片、竹輪、青江菜莖、葉拌炒。待青菜變軟後，依拉麵包裝所示，加入水分和附湯，煮2～3分鐘。

4 將混合完成的**A**視個人喜好地加入**3**，以增加濃稠度，再放進煮好的拉麵，續煮約1分鐘。完成時澆淋上芝麻油。

POINT

拉麵的附湯，因其種類濃稠程度各不相同。太白粉水視狀況邊調節邊加入。

STAUB
STAUB

酸辣湯風味鍋燒拉麵

材料與製作方法(1人份)

醬油拉麵(市售品)— 1人份
雞胸肉 — 1片
A 薑汁、太白粉 — 各1小匙
　鹽、胡椒 — 各少許
雞蛋 — 1個
竹筍(水煮)小型 — ½根(50g)
木耳 — 5片
嫩豆腐 — ⅙塊
香菜 — 適量
水 — 適量
醬油拉麵附湯 — 1人分
醋 — 1大匙
辣油 — 1小匙

1 在直徑20cm左右的耐熱缽盆中加入熱水1L(用量外),加入拉麵,不覆蓋保鮮膜地直接微波,加熱時間相較於袋上標示再短半分鐘左右。取出後用流動的水沖洗,再瀝乾水分。

2 雞肉切成細絲,用**A**揉和醃漬。雞蛋打散。竹筍切成細絲。木耳用水還原後切成細絲。豆腐切成7～8mm的長條棒狀。香菜粗略分切。

3 在鍋中放入包裝袋指示的水量、附湯、雞肉,以略小的中火加熱,煮沸後除去浮渣。加入木耳、竹筍再煮2～3分鐘後,添加醋。

4 將煮好的麵加入**3**,以圈狀均勻倒入蛋液,加入豆腐再煮約1分鐘。完成時澆淋上辣油、撒放香菜即可。

揮汗享用,帶著辣度又有著酸味的拉麵,
在夏季驅暑、冬季暖身時都很推薦。

STAUB

韓式建長鍋燒烏龍麵

ROUND 18cm

材料與製作方法(1人份)

木棉豆腐 — ½塊
白蘿蔔 — 5cm
胡蘿蔔、牛蒡 — 各⅓根
青蔥 — 2根
芝麻油 — ½大匙
高湯 — 1½杯
A 醬油 — 1½大匙
酒、味醂 — 各1大匙
冷凍烏龍麵 — 1球

1 豆腐用廚房紙巾包覆，壓上2kg的重物約10分鐘，瀝乾水分後切塊。白蘿蔔、胡蘿蔔切成7～8mm厚的扇形。牛蒡斜切成薄片。青蔥切成2cm的長度。

2 在鍋中放入芝麻油，以略小的中火加熱，放入豆腐煎至金黃色，之後依序放入白蘿蔔、胡蘿蔔、牛蒡拌炒，待全體均勻拌炒後，加入高湯再煮約15分鐘。

3 在**2**中加入**A**、冷凍烏龍麵，約煮2～3分鐘。完成時撒放青蔥。

大量根莖類蔬菜，可以溫暖身心的烏龍麵。
整鍋端上餐桌，美味的氣氛更濃。

STAUB

義大利風味麵疙瘩

麵疙瘩是熱水加入低筋麵粉和鹽，揉和即可完成。番茄口味加上Q彈的口感，真是絕妙美味的組合。

材料與製作方法(1人份)

A
- 低筋麵粉 — 50g
- 鹽 — 2小撮
- 熱水 — 25～30ml

火腿 — 3片
香菇 — 2片
櫛瓜 — ½根
胡蘿蔔 — ⅓根
洋蔥 — ½個
番茄罐頭 — ½罐(200g)
橄欖油 — ½大匙
鹽 — ½小匙
水 — 1½杯

1 缽盆中放入**A**的低筋麵粉、鹽混合，少量逐次地倒入熱水，待其整合成團後，用烹調筷混拌至耳垂的軟硬度。用手揉和至表面產生光澤，包覆保鮮膜放室溫中靜置約10分鐘。

2 火腿、香菇、櫛瓜、胡蘿蔔、洋蔥切成1cm的塊狀。壓碎番茄罐頭的番茄。

3 在鍋中放入橄欖油，以略小的中火加熱，放入洋蔥、胡蘿蔔、櫛瓜拌炒，至全體沾裹油脂後，加入番茄碎，再煮約2分鐘，加入水分煮滾後放入火腿、香菇，再煮約10分鐘。

4 在**3**中加入鹽，將**1**的麵團撕成一口大小，搓圓再用手掌壓平，中央略凹地放入鍋中。待全部放入後煮1～2分鐘，麵疙瘩浮起即可。

日式麵疙瘩

麵疙瘩做得略薄，更能讓豬肉、蔬菜及菇類的美味滲入其中。

材料與製作方法(1人份)

A
- 低筋麵粉 — 50g
- 鹽 — 2小撮
- 熱水 — 25～30ml

豬里肌薄片 — 100g
牛蒡、胡蘿蔔 — 各⅓根
舞茹 — ½包(50g)
鴨兒芹 — 3棵
高湯 — 1½杯

B
- 酒 — 1大匙
- 醬油 — 1小匙
- 鹽 — ⅓小匙

1 與義大利風麵疙瘩的步驟**1**相同，製作成麵團。

2 豬肉切成一口大小。牛蒡、胡蘿蔔切成薄片狀。舞菇切成小株。鴨兒芹切成2cm長。

3 在鍋中放入高湯、豬肉、牛蒡、胡蘿蔔，以略強的中火加熱，煮沸後除去浮渣，再煮約10分鐘。

4 將**1**的麵團撕成一口大小，搓圓再用手掌壓平，再拉開兩端地使麵疙瘩變薄，放入鍋中。待全部放入後續煮1～2分鐘，加入舞菇、**B**，煮開，完成時撒上鴨兒芹。

SECTION 5

只要有雞蛋
就是健康飽足的菜色

沒有時間、錯過買菜時，只要冰箱有雞蛋就沒問題。因為是熱傳導極佳的鍋具，攪散雞蛋後蒸煮，就能完成像舒芙蕾般的蛋卷。放入大量高湯加熱，瞬間就做好茶碗蒸，都是健康又能滿足口腹的菜色。

維也納香腸、培根、毛豆的歐姆蛋

ROUND 14cm

材料與製作方法(1人份)

維也納香腸 — 4根
洋蔥 — ¼個
橄欖油 — ½大匙
玉米 — ⅓杯
毛豆 — 從豆莢中剝出¼杯
鹽、胡椒 — 各少許

A
雞蛋 — 2個
牛奶 — 2大匙
鹽 — ⅕小匙
胡椒 — 少許

1 維也納香腸縱向對切。洋蔥切碎。

2 鍋中放入橄欖油，以略小的中火加熱，放入洋蔥拌炒至散發甜香。加入玉米、毛豆、維也納香腸，拌炒至材料均勻沾裹油脂後，加入鹽、胡椒。

3 在**2**中加入混拌好的**A**，蓋上鍋蓋以小火8分鐘加熱至完全熟透。

POINT

圈狀澆淋蛋液，使炒好的所有材料都能均勻被蛋液覆蓋。鍋子較小因此可以架放在烤網上，較能穩定且容易烹調。

立刻蓋上鍋蓋燜蒸。

視覺享受玉米和毛豆等豐富的色彩，
口感鬆軟如舒芙蕾般的歐姆蛋。

泡菜雞蛋鍋

ROUND 14cm

材料與製作方法(1人份)

韓式白菜泡菜(市售)— 150g
金針菇 — ½袋(50g)
韭菜 — ¼把
芝麻油 — ½大匙
A | 小魚乾高湯*或水 — 1杯
韓式辣醬、味噌 — 各1小匙
韓式年糕 — 100g
雞蛋 — 1個

1. 韓式白菜泡菜粗略切成大塊。金針菇長度分切成2～3等分。韭菜切小粒狀。
2. 在鍋中放入芝麻油，以略小的中火加熱，放入韓式白菜泡菜拌炒，加入**A**，使韓式辣醬和味噌完全溶化。加入金針菇和韓式年糕，以中火煮約3～4分鐘。
3. 打入雞蛋，蓋上鍋蓋約煮1分鐘，完成時加上韭菜。

＊小魚乾高湯的製作方法

小魚乾10g，去頭去腹部內臟後浸泡在2杯水中約10分鐘。用中火加熱，煮開後除去浮渣，再轉以小火熬煮5分鐘後熄火，過濾。

POINT

韓式年糕是以米為原料製成。即使加熱也不會完全煮爛，因此在燉煮料理時非常方便。

將材料撥向周圍中間留下凹槽，打入雞蛋。

半熟的蛋黃與周圍的食材混拌後享用，
濃郁圓融，讓美味更升級。

ROUND 14cm

10分

茶碗蒸風格的蕈菇烏龍麵

鬆軟的雞蛋中加了各式食材的烏龍麵，大大滿足了飢餓的胃。

材料與製作方法(1人份)

香菇 — 2朵
鴻禧菇 — ½包(50g)
雞蛋 — 2個
A | 高湯 — ¾杯
醬油 — 1小匙
鹽 — ⅕小匙
冷凍烏龍麵 — 1球
七味唐辛子 — 少量

1 香菇切成薄片。鴻禧菇分切成小株。雞蛋打散。

2 在鍋中放入A、香菇、鴻禧菇，以略強的中火加熱，煮滾後加入冷凍烏龍麵，再煮2～3分鐘。圈狀均勻倒入打散的蛋液，轉為中火混拌。蓋上鍋蓋，以小火加熱約5分鐘，熄火，燜蒸1～2分鐘。撒上七味唐辛子。

POINT

待湯汁煮滾時，
圈狀均勻倒入打散的蛋液，
混拌就能使雞蛋覆蓋在全體上。

ROUND 14cm

9分

榨菜與銀芽茶碗蒸

雞蛋和銀芽的柔和風味，榨菜和黑胡椒帶來鮮明的提味。

材料與製作方法(1人份)

榨菜(已調味) — 30g
雞蛋 — 2個
豆芽菜 — ⅓袋
A | 中華高湯粉 — ½小匙
鹽、胡椒 — 各少許
水 — ½杯
粗粒黑胡椒 — 少許
芝麻油 — ⅓小匙

1 榨菜切成絲。豆芽菜摘除鬚根。打散雞蛋。

2 在鍋中放入A、榨菜、銀芽，以略強的中火加熱，煮沸後改以中火煮約1～2分鐘。

3 在2中加入打散的蛋液，改為中火混拌。蓋上鍋蓋，以小火加熱約5分鐘，熄火，燜蒸約1～2分鐘。撒上粗粒黑胡椒、澆淋芝麻油。

蛋燜蛤蠣海帶芽

材料與製作方法(1人份)

蛤蠣肉 — 50g
切好的海帶芽 — 2g
青蔥 — 1根
雞蛋 — 2個

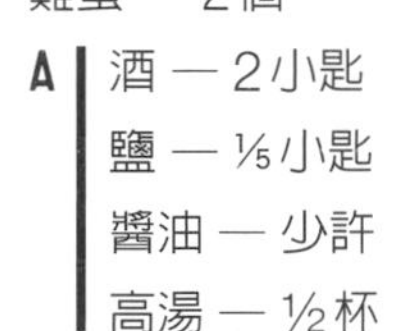

A
酒 — 2小匙
鹽 — ⅕小匙
醬油 — 少許
高湯 — ½杯

1 蛤蠣肉放入加了少許食鹽(用量外)的水中清洗，以網篩撈出瀝乾水分。海帶芽用水浸泡3分鐘還原，擰乾水分。青蔥切成絲。雞蛋攪散備用。

2 在鍋中放入**A**、蛤蠣肉，用略強的中火加熱，煮至沸騰後除去浮渣，加入海帶芽，以中火煮1分鐘。

3 以圈狀方式將雞蛋加入**2**之中，用中火加熱並混拌。蓋上鍋蓋，以小火加熱約5分鐘，熄火，燜蒸1～2分鐘。撒上青蔥絲。

同時可嚐到
蛤蠣的美味和雞蛋的鬆軟。

STAUB

起司與洋蔥的牛奶焗麵包

OVAL 17cm

材料與製作方法(1人份)

洋蔥 — ½個
培根 — 1片
法國麵包2cm厚 — 2片
奶油 — 5g
鹽 — 少許

A
雞蛋 — 2個
牛奶 — ½杯
鹽、胡椒 — 各少許

B
披薩用起司 — 20g
起司粉 — 1大匙

1 洋蔥切成薄片，放在耐熱盤包覆保鮮膜微波4分鐘。培根切碎。法國麵包切成2cm的塊狀。

2 在鍋中放入奶油，以中火使其融化，放入洋蔥、法國麵包，撒上鹽拌炒。倒入混合好的**A**，撒上培根碎、**B**。蓋上鍋蓋，以小火加熱約5分鐘，熄火，燜蒸1～2分鐘。

起司和培根的深層風味正是魅力所在，
是成熟大人風味的焗烤麵包。

SECTION 6

溫心暖胃
享受小份量的鑄鐵鍋

暖呼呼熱氣升騰的鍋品。一個人悠閒地品嚐享用，身心舒暢。可以迅速烹調，活用了鑄鐵鍋的熱傳導與保溫性能，能緩緩釋出食材的美味又具豐富變化。無論是忙碌或悠閒，鍋料理對小份量或單人餐食最適合不過。

豆腐與泡菜的韓式豆腐鍋

ROUND 14cm

材料與製作方法(1人份)

蛤蠣(已吐砂)— 150g
櫛瓜 — ½根
水芹 — ½束
韓式白菜泡菜(市售)— 150g
小魚乾高湯(請參照P.79)或水 — 1½杯
酒 — 2大匙
A 蒜泥 — 1瓣
味噌 — ½大匙
嫩豆腐 — ½塊

1 蛤蠣放入加了3%鹽(用量外)的水中浸泡60分鐘吐吵。櫛瓜切成7～8mm厚的圓片。水芹切成3cm的長度。

2 在鍋中放入高湯、蛤蠣、韓式白菜泡菜、酒，以略強的中火加熱，煮滾後除去浮渣。加入**A**，混拌使其溶化，再加入櫛瓜，豆腐以湯杓舀起加入，煮3～4分鐘。完成時加入水芹，熄火。

添加了大量豆腐及蔬菜的鍋，極均衡的營養成分。
還能期待泡菜的辣味具燃燒脂肪的效果。

ROUND
16cm

豬肉銀芽芝麻味噌鍋

RECIPE > P.92

鮭魚海帶芽的清湯鍋

RECIPE > P.92

濃郁的芝麻味噌風味
使銀芽產生了巨星級的美味。
豬肉還有恢復疲勞的效果。

PHOTO ＞ P.90

豬肉銀芽芝麻味噌鍋

材料與製作方法(1人份)

豬里肌薄片 — 100g
豆芽菜 — 1袋
A
- 研磨白芝麻 — 3大匙
- 薑末 — 1塊
- 味噌 — 2½大匙
- 醋 — 1小匙
- 豆瓣醬 — ⅓小匙
- 高湯 — 2杯

1. 豬肉切成一口大小。豆芽菜除去鬚根。
2. 將**A**放入鍋中，充分混拌使其溶化。用略強的中火加熱煮滾後放入豬肉，煮至肉片顏色改變，加入銀芽，依個人喜好加熱即完成。

具有清腸胃效果的海帶芽
與可以防止身體老化的鮭魚，
是清淡爽口的風味。

PHOTO ＞ P.91

鮭魚海帶芽的清湯鍋

材料與製作方法(1人份)

新鮮鮭魚 — 1片
鹽 — ⅓小匙
切好的海帶芽 — 10g
長蔥 — ½根
A
- 酒 — 1大匙
- 醬油 — 1小匙
- 鹽 — ½小匙
- 高湯 — 2杯

1. 鮭魚撒上鹽放置10分鐘，拭乾水分，切成一口大小。海帶芽浸泡於水中約3分鐘使其還原，擰乾水分。長蔥縱向對切，斜切成薄片。
2. 將**A**放入鍋中，以略強的中火加熱，煮滾後放入鮭魚煮1～2分鐘。加入海帶芽、長蔥略煮即可。

表皮烘烤過的雞肉香氣，
讓味道更具加乘效果。
最後放入蕎麥麵也非常美味。

PHOTO ＞ P.94

雞肉鍋

材料與製作方法(1人份)

帶皮雞胸肉 — 1片
鹽 — 少許
舞菇 — 1包(100g)
青蔥 — 3根
A 醬油、味醂 — 各2大匙
高湯 — 2杯
山椒粉 — 適量

1 雞肉抹鹽。舞菇切分成小株。青蔥斜向切絲。

2 用略強的中火加熱鍋子，雞肉表皮朝下地煎至金黃色，翻面略煎。取出後切成7～8mm厚片。

3 拭去**2**鍋中的油脂，放入**A**用略強的中火加熱，煮開後放入雞肉、舞菇、蔥，加熱煮至雞肉完全熟透。依個人喜好添加山椒粉，或蘸取山椒粉享用。

香氣蔬菜與花椒的湯汁，
讓身體從胃裡溫暖起來。
具燃燒脂肪效果的羔羊肉也非常健康。

PHOTO ＞ P.95

藥膳風味鍋

材料與製作方法(1人份)

杏鮑菇 — 2朵
西生菜 — ½個
長蔥 — ½根
木耳 — 10片
羔羊肉薄片 — 100g
A 薄薑片 — 2片
大蒜(對半切開) — 2瓣
花椒 — 1小匙
枸杞(如果有) — 1大匙
紅棗(如果有) — 3個
中華高湯粉、豆豉、辣油 — 各2小匙
水 — 2杯

1 杏鮑菇 切成薄片。西生菜切成大塊。長蔥切成4cm段。木耳放入水中還原後切成小朵。

2 在鍋中放入長蔥、**A**，以略強的中火加熱，煮沸後放入杏鮑菇、西生菜、木耳、羔羊肉片邊煮邊享用。

雞肉鍋

RECIPE > P.93

藥膳風味鍋

RECIPE > P.93

雞翅、甘薯、長蔥的韭菜蘸醬鍋

ROUND 16cm

材料與製作方法(1人份)

雞翅 — 4隻
甘薯 — 1小顆
長蔥 — 1根

A
昆布 — 5cm塊狀
酒 — 1大匙
水 — 2杯

B
韭菜 — 2根
醋、醬油 — 各1大匙
黃芥末醬 — 少許

1　雞翅內側沿著骨頭劃入切紋。甘薯帶皮切成1cm厚的圓片狀，用水沖洗後瀝乾水分。長蔥縱向對切，再切成5cm長段。**B**的韭菜切成細末。

2　在鍋中放入**A**、雞翅，以略小的中火加熱，煮至沸騰後除去浮渣，以中火煮約20分鐘。加入甘薯，煮約10分鐘至其柔軟，加入長蔥依個人喜好地略煮。附上混合好的**B**，蘸取享用。

充滿著雞翅的膠原蛋白、甘薯食物纖維的美容鍋。
長蔥及韭菜醬汁都有極佳的暖身效果。

STAUB

圓滾滾蔬菜與維也納香腸的法式燉鍋

(pot-au-feu)

ROUND 18cm

材料與製作方法(1人份)

青花椰 — ½株
胡蘿蔔 — 1根
馬鈴薯、洋蔥 — 各1個
培根(厚1cm) — 50g
水 — 4杯
維也納香腸 — 2根
鹽 — ⅓小匙
A | 鹽、芥末籽醬、粗粒黑胡椒 — 各適量

1. 青花椰連莖一起分成小株。胡蘿蔔充分洗淨後帶皮。馬鈴薯、洋蔥去皮。培根切成一口大小。
2. 將帶皮胡蘿蔔、馬鈴薯、洋蔥整顆放入鍋中，培根和水加入後用中火加熱，蓋上鍋蓋煮約40分鐘。加入鹽、青花椰、維也納香腸，再煮3～4分鐘。附上**A**，自由蘸取享用。

整顆燉煮的蔬菜，可以嚐到凝聚的甜味及香氣。
分量滿滿也不會造成腸胃負擔，是令人心滿意足的燉鍋。

SECTION
7

熱騰騰又鬆軟
炊入幸福的米飯

米飯要煮得晶瑩飽滿，藉由沈重鍋蓋所產生的壓力，使鍋內的蒸氣得以均勻循環而來。在此將風味紮實的食材，放置在米飯的表面一起炊煮，也不用擔心需要麻煩地添加水分。在此也同時介紹使用米飯製作的燉飯和鹹粥。

醃梅、鮪魚和蒟蒻絲的炊飯

ROUND 16cm

材料與製作方法(1人份)

米 — 1杯(150g)
水 — 180ml
蒟蒻絲 — 150g
鮪魚罐(油漬) — 1小罐(80g)
A | 酒 — 1大匙
  | 鹽 — ⅓小匙
醃梅 — 1個

1 米洗淨後用網篩瀝乾水分。在鍋中放入米、水浸泡約30分鐘。蒟蒻絲用熱水(用量外)燙過後以網篩瀝乾降溫。確實瀝乾水分後切碎，鮪魚瀝乾湯汁後，粗略地攪散。

2 在1的鍋中放入A混拌，擺放蒟蒻絲、鮪魚、醃梅。蓋上鍋蓋以中火加熱，待蒸氣冒出後轉以小火再續煮約10分鐘。熄火後燜蒸10分鐘，取出醃梅的籽，再以飯杓邊攪散醃梅，邊大動作混拌均勻。

POINT

只要在浸泡過水分的米上擺放食材，接著只要加熱即可。

醃梅去籽後，與全體大動作的混拌。

加入切碎蒟蒻絲的低卡米飯。
具有清整腸胃的效果。

ROUND 16cm

10分

黃豆、碎昆布、櫻花蝦的炊飯

卵磷脂、食物纖維、鈣質，全都是最受女性歡迎的營養成分。

材料與製作方法(1人份)

米 — 1杯(150g)
水 — 180ml
切細絲的昆布(乾燥) — 5g
A | 酒 — 1大匙
| 鹽 — ⅕小匙
黃豆(水煮) — 100g
櫻花蝦 — 6大匙

1 米洗淨後用網篩瀝乾水分。在鍋中放入米、水浸泡約30分鐘。切細絲的昆布洗淨後浸泡在水中還原，瀝乾水分，切成方便食用的長度。

2 在1的鍋中放入A混拌，擺放黃豆、昆布絲、櫻花蝦。蓋上鍋蓋以中火加熱，待蒸氣冒出後轉以小火再續煮約10分鐘。熄火後燜蒸10分鐘，再以飯杓大動作混拌均勻。

雞肉牛蒡拌飯

雞肉釋出的美味與根莖類蔬菜的強烈風味，令人期待。

ROUND 16cm

16分

材料與製作方法(1人份)

米 — 1杯(150g)
水 — 180ml
牛蒡 — ½根
雞腿肉 — ½隻
薑末 — ½塊
A | 醬油 — 1½大匙
| 酒 — ½大匙
| 砂糖 — 2小匙
沙拉油 — 1小匙

1 米洗淨後用網篩瀝乾水分。在容器中放入米、水浸泡約30分鐘。雞肉切成2cm塊狀。牛蒡切成薄片狀。

2 用中火加熱鍋子，倒入沙拉油，放進薑末拌炒至香氣出現後加入雞肉拌炒。待拌炒至肉的顏色改變時，加入牛蒡，拌炒至牛蒡變軟，再加入A，拌炒至湯汁收乾後，取出。

3 在2的鍋中放入1的米和水，使沾在鍋內的湯汁溶入地混拌。蓋上鍋蓋以中火加熱，待蒸氣冒出後轉以小火再續煮約10分鐘。熄火，放入2，再次蓋上鍋蓋，燜蒸10分鐘，再以飯杓大動作混拌均勻。

POINT

用炒過材料的鍋子直接炊煮米飯，能毫無浪費地活用美味成分。

海南雞飯

擺放上雞肉一起炊煮就能完成亞洲高人氣的料理！

材料與製作方法（1人份）

米 — 1杯（150g）
水 — 180ml
雞腿肉 — 1小隻
A | 白酒 — 1小匙
鹽 — ½小匙
白胡椒 — 少許
番茄 — ¼個
小黃瓜 — ¼根
西生菜 — ⅙個
甜辣醬（市售品）— 適量
B | 薑末、醬油 — 各適量

1 米洗淨後用網篩瀝乾水分。在鍋中放入米、水浸泡約30分鐘。雞肉用**A**搓揉醃漬。

2 番茄切成彎月狀。小黃瓜斜切成薄片。西生菜撕成方便享用的大小。

3 在**1**鍋內的米上擺放醃好的雞肉。蓋上鍋蓋以中火加熱，待蒸氣冒出後轉以小火再續煮約10分鐘。熄火後燜蒸10分鐘。取出雞肉，切成易於享用的塊狀。

4 將飯盛盤，排放雞肉、番茄、小黃瓜、西生菜。依個人喜好在**B**中混拌甜辣醬，蘸著享用。

乾式咖哩風味炊飯

利用蔬菜泥，完成纖細口感的成品。

材料與製作方法（1人份）

米 — 1杯（1人份）
水 — 150ml
A | 綜合絞肉 — 100g
胡蘿蔔泥、芹菜泥 — 各1大匙
洋蔥泥 — 1小匙
蒜泥、薑泥 — 各1瓣的量
咖哩粉 — 1大匙
番茄醬、伍斯特醬 — 各½大匙
鹽 — ⅓小匙
奶油 — 10g
熟的豌豆仁 — ⅓杯

1 米洗淨後用網篩瀝乾水分。在鍋中放入米、水浸泡約30分鐘。

2 在**1**鍋內的米上放入混拌完成的**A**、奶油。蓋上鍋蓋以中火加熱，待蒸氣冒出後轉以小火再續煮約10分鐘。熄火後加入豌豆仁，再次蓋上鍋蓋，燜蒸10分鐘，再以飯杓大動作混拌均勻。

STAUB

韓式鍋燒飯

充滿美味牛肉的現炊米飯，搭配上新鮮蔬菜豪邁混拌後享用。

材料與製作方法(1人份)

米 — 1杯(150g)
水 — 180ml
切下的碎牛肉 — 100g

A
- 切碎的長蔥 — 5cm
- 蒜泥 — 1塊
- 研磨的白芝麻、酒 — 各2小匙
- 芝麻油 — ½大匙
- 砂糖、醬油 — 各1小匙
- 鹽 — ⅓小匙

B
- 萵苣(Sunny lettuce) — 1片
- 迷你小番茄 — 3個
- 長蔥 — 5cm
- 西洋菜(Cresson) — ½束
- 韓式白菜泡菜(市售品) — 50g

1. 米洗淨後用網篩瀝乾水分。在鍋中放入米、水浸泡約30分鐘。牛肉以**A**揉和醃漬。**B**的萵苣撕成一口大小。迷你小番茄對半切開。長蔥切碎。西洋菜切成2～3等分的長度。
2. 在**1**鍋內的米上擺放牛肉。蓋上鍋蓋以中火加熱，待蒸氣冒出後轉以小火再續煮約10分鐘。熄火後燜蒸10分鐘，放入**B**，再以飯杓大動作混拌均勻。

蘆筍燉飯

芹菜的風味更能烘托出蘆筍的清甜。

材料與製作方法(1人份)

綠蘆筍 — 4根
洋蔥 — ½個
芹菜 — ½根
奶油 — 10g
蒜泥 — ½瓣的量
白酒 — 2大匙
水 — ¼杯
米飯 — 100g
起司粉 — 3大匙
鹽、胡椒 — 各少許

1. 剝除蘆筍的硬皮，切下前端3cm後，縱向對切，再切成1cm的小段。洋蔥、芹菜切碎。
2. 在鍋中放入奶油，以小火融化，放入洋蔥、芹菜、大蒜，拌炒至洋蔥呈透明狀態。加入蘆筍拌炒，倒進白酒煮至沸騰後加入水，以小火煮1～2分鐘。
3. 在**2**中加入米飯、起司粉，混拌，至米飯溫熱後，加入鹽、胡椒調整味道。

珍愛鑄鐵鍋的日常保養

使用方法

- 急遽的溫度變化是損傷鑄鐵鍋的原因，因此請避免突然間的強大火力。
  使用容易急速高溫加熱的IH調理器時，請特別注意。
  烹調後的熱鍋請避免立刻用流動冷水澆淋。
- 無法用於微波爐。
- 金屬製的烹調用具是造成鑄鐵鍋損傷的原因，因此請使用木製或矽膠製品。

保養方法

- 內側的覆膜或琺瑯一旦損傷時，容易造成燒焦與沾黏。
  清洗時請避免使用金屬製的刷子等，應使用廚房用清潔劑和海綿進行清洗。
  請避免使用研磨劑、利刃、漂白水等。
- 完成清洗後，確實擦乾水氣，待其完全乾燥後再收入櫥櫃。
  鍋緣沒有進行防鏽加工，因此未完全乾燥是造成生鏽的原因。

韓國風蔬菜粥

米飯煮至軟爛是韓式的風格，也能重整腸胃。

材料與製作方法(1人份)

香菇 — 2朵
胡蘿蔔 — ⅓根
洋蔥 — ¼個
四季豆 — 4根
米飯 — 100g
小魚乾高湯(參照P.79) — 1杯
鹽 — ⅓小匙
研磨白芝麻 — 2小匙
A | 烘烤過的海苔(撕碎) — ½片（整片21 x 19cm）
  | 芝麻油 — 1小匙

1 香菇、胡蘿蔔、洋蔥、四季豆切小丁。將以上材料、米飯、高湯一起放入鍋中，以略強的中火加熱，煮滾後除去浮渣，轉以小火煮約10分鐘。

2 取下1的鍋蓋，邊混拌邊煮至濃稠，加入鹽。熄火，撒上芝麻，撒上A再混拌均勻享用。

1 燒焦時

燒焦時，隨著時間越久越不容易清除，也會造成鑄鐵鍋容易染色，因此請儘早處理。

2 加入約1小匙的醋

倒入熱水，加入1小匙醋。加入1大匙左右的小蘇打也有幫助。

3 以小火加熱

以小火加熱，至髒污浮起時熄火，以此狀態放涼。之後，請再以蘸有清潔劑的廚房海綿清洗。

Joy Cooking

簡單！美味！最實用的鑄鐵鍋日常料理

作　者 / 藤井惠

出版者 / 出版菊文化事業有限公司 P.C. Publishing Co.

發行人 / 趙天德

總編輯 / 車東蔚

翻　譯 / 胡家齊

文 編・校 對 / 編輯部　美　編 / R.C. Work Shop

地址 / 台北市雨聲街77號1樓

TEL / (02)2838-7996　FAX / (02)2836-0028

初版日期 / 2017年1月

定　價 / 新台幣 320元

ISBN / 9789866210495　書　號 / J121

讀者專線 / (02)2836-0069

www.ecook.com.tw

E-mail / service@ecook.com.tw

劃撥帳號 / 19260956大境文化事業有限公司

KANTAN! OISHII! FUJII MEGUMI NO HITORIBUN　GOHAN

©Megumi Fujii 2016

All rights reserved.

No part of this book may be reproduced in any form without the written permission of the publisher.

Originally published in Japan in 2016 by SEKAI BUNKA PUBLISHING INC.

Chinese (in traditional character only) translation rights arranged with by SEKAI BUNKA PUBLISHING INC., TOKYO through TOHAN CORPORATION, TOKYO.

簡單！美味！

最實用的鑄鐵鍋日常料理

藤井惠 著；-- 初版 -- 臺北市

出版菊文化，2017[民106]　112面；19×26公分.

(Joy Cooking；J121)

ISBN 9789866210495

1. 食譜　427.1　105022855

設計　天野美保子

攝影　木村 拓（東京料理写真）

造型　大畑純子

協助編輯　こいずみきなこ

編輯　三宅礼子

校正　株式会社円水社

協力攝影

◆ STAUB(ZWILLING J.A. HENCKELS JAPAN)
http://www.staub.jp

◆ Le Creuset　http://www.lecreuset.jp

Printed in Taiwan　尊重著作權與版權，禁止擅自影印、轉載或以電子檔案傳播本書的全部或部分。

本書如有缺頁、破損、裝訂錯誤，請寄回本公司調換。